動物成長小故事

毛毛蟲多多

作　　者：愛瑪・特倫特爾（Emma Tranter）
繪　　圖：巴里・特倫特爾（Barry Tranter）
翻　　譯：L. K. Sham
責任編輯：黃花窗
美術設計：陳雅琳

出　　版：新雅文化事業有限公司
香港英皇道499號北角工業大廈18樓
電話：（852）2138 7998
傳真：（852）2597 4003
網址：http://www.sunya.com.hk
電郵：marketing@sunya.com.hk
發　　行：香港聯合書刊物流有限公司
香港新界大埔汀麗路36號中華商務印刷大廈3字樓
電話：（852）2150 2100　傳真：（852）2407 3062
電郵：info@suplogistics.com.hk
印　　刷：中華商務彩色印刷有限公司
香港新界大埔汀麗路36號
版　　次：二〇一六年五月初版
10 9 8 7 6 5 4 3 2 1

ISBN: 978-962-08-6528-2

動物成長小故事

毛毛蟲多多

愛瑪 • 特倫特爾 著　　巴里 • 特倫特爾 圖

新雅文化事業有限公司
www.sunya.com.hk

毛毛蟲是
蝴蝶或飛
蛾的幼蟲。

這是多多，她是一條毛毛蟲。你看，多多在葉子上，她最愛吃多汁的綠葉。

你好！我是多多，
很高興認識你！

毛毛蟲的身體又長又軟。

毛毛蟲的種類很多，多多是帝王斑蝶的幼蟲。

世界各地都有毛毛蟲。

毛毛蟲的
身體裏沒
有骨頭。

多多爬得很慢，但是她很會攀爬，而且還會倒着爬呢！

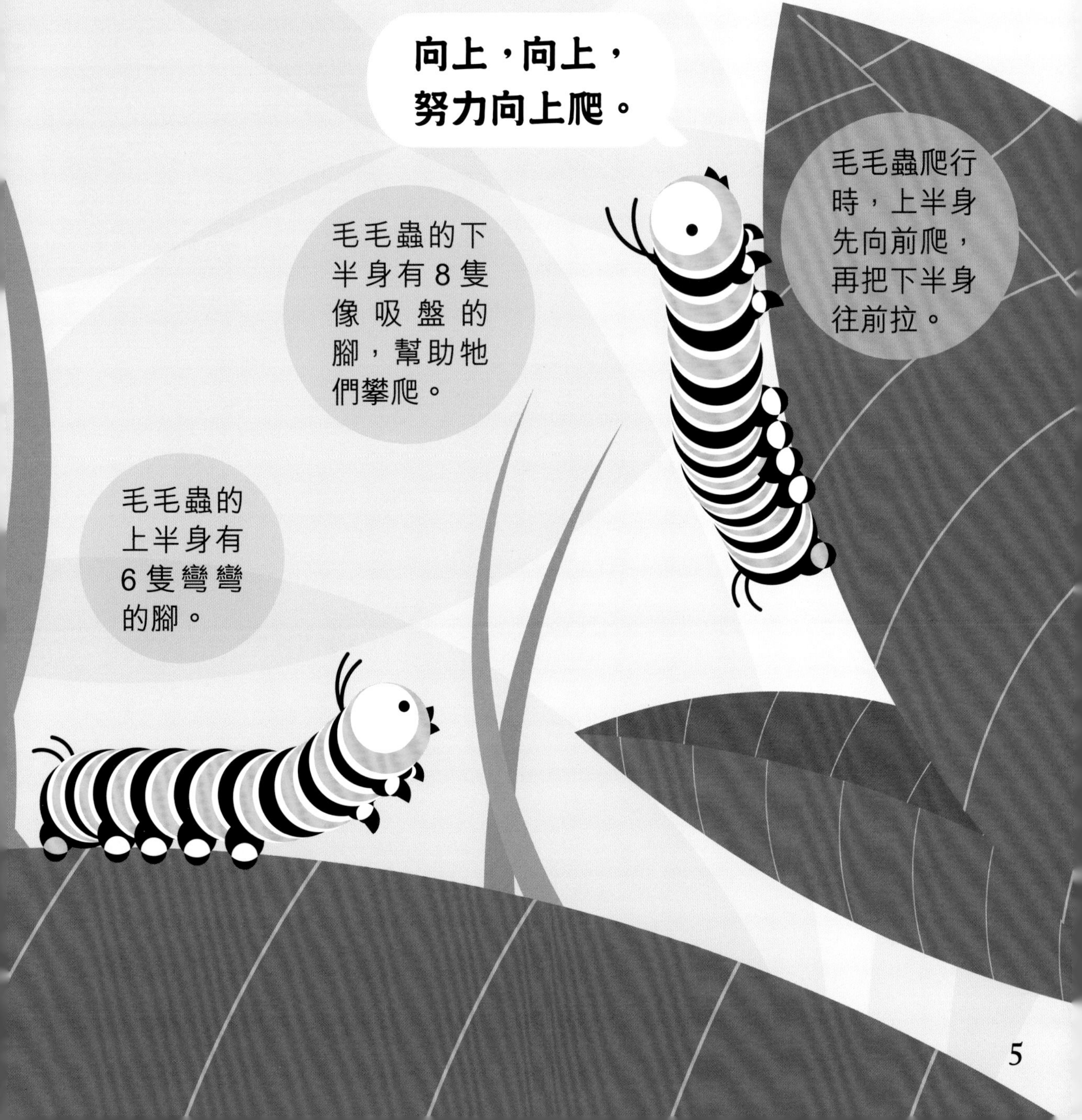
向上，向上，
努力向上爬。
毛毛蟲的下半身有8隻像吸盤的腳，幫助牠們攀爬。
毛毛蟲爬行時，上半身先向前爬，再把下半身往前拉。
毛毛蟲的上半身有6隻彎彎的腳。

多多不斷地吃葉子，不停地吃！

葉子這麼好吃，
怎吃也不嫌多！

毛毛蟲一天到晚都在吃葉子。

毛毛蟲的下巴強而有力，最適合咬碎葉子。

多多吃了，又吃……

帝王斑蝶的幼蟲只吃馬利筋植物。

吧唧、吧唧，好味道！

馬利筋植物有毒，帝王斑蝶的幼蟲吃了也變成有毒。牠們身上鮮豔的條紋就是要警告其他動物不要捕食牠們。

……還是不夠，繼續吃！

我現在吃飽了，
好滿足啊！

毛毛蟲吃得越多，長得越大。

多多越吃越大，外皮越來越緊。當身體長得比外皮大的時候，多多便會脫掉舊皮，長出一層寬鬆的新皮。

讓我擺動身體，
把舊皮脫掉。
我的外皮
太緊了。

動物脫掉舊皮的過程稱為「蛻皮」。

脱掉的舊皮留在一旁。

帝王斑蝶的幼蟲在成長過程中會蛻皮5次。

每次蛻皮後，毛毛蟲都會把舊皮吃掉。

有時候，毛毛蟲要花上一整天的時間才能夠把舊皮脱掉呢！

多多兩個星期大的時候，就會找一個安全舒適的地方，在那裏靜靜變身成蝴蝶！

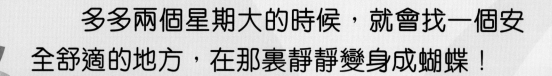

多多會吐絲把自己固定好，並倒掛在植物上。

然後，多多最後一次把外皮脱掉，露出底下一層堅硬的外殼，稱為「蝶蛹」。

這個蝶蛹可以在多多變身成蝴蝶的過程中保護她。

多多在蝶蛹裏開始變身。

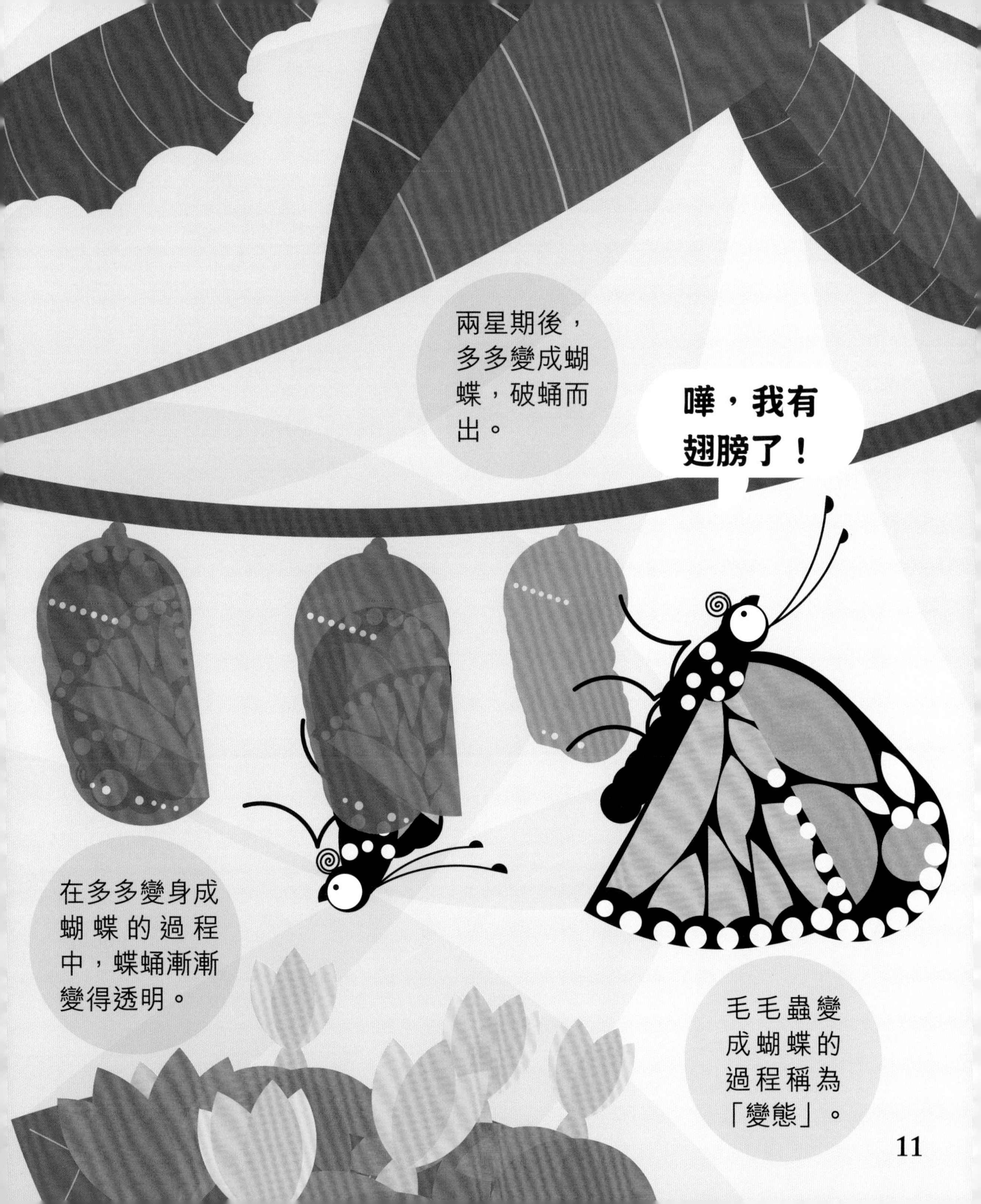

兩星期後，多多變成蝴蝶，破蛹而出。

在多多變身成蝴蝶的過程中，蝶蛹漸漸變得透明。

毛毛蟲變成蝴蝶的過程稱為「變態」。

多多現在是成年的蝴蝶了，是一隻帝王斑蝶，長有美麗圖案的翅膀。

初出生的蝴蝶要等 3 至 4 個小時，讓翅膀乾透，才能夠飛行。
我很期待能飛呢！
蝴蝶是昆蟲，成年的蝴蝶有 6 隻腳和兩雙翅膀，頭上長了一雙觸角。

多多耐心地等候翅膀乾透，準備第一次飛行。

帝王斑蝶飛行的時候，翅膀每秒拍動達 12 次。

大部分蝴蝶白天活動，晚上休息。

多多變成蝴蝶後，最喜歡在花叢間飛來飛去找食物。

蝴蝶有一條像吸管的長嘴巴，稱為「吻管」，用來吸啜食物。
蝴蝶不吃東西的時候，會把吻管捲起來。

多多在找花蜜，那是花朵裏香香甜甜的糖漿。

蝴蝶只能吃流質食物。

蝴蝶能用腳和頭上的觸角分辨花蜜的香味。

雖然帝王斑蝶有毒，但是有些鳥兒和老鼠還是會捕捉他們來吃。多多，小心啊！

動物吃了帝王斑蝶後，不一定會死掉，但是一定會生病。
呀，救命！
有些蒼蠅和黃蜂也會攻擊蝴蝶。

下雨的時候，多多也要小心，好好保護自己脆弱的翅膀。

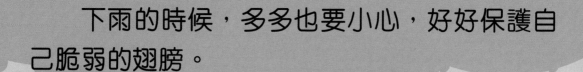

蝴蝶的翅膀也容易因為強風而受損。

在下雨天，蝴蝶會躲在葉子底下避雨。

多多學會了飛以後，便開始找伴侶。

雄性帝王斑蝶的翅膀上各長了一個黑點。

雄性帝王斑蝶翅膀上的黑點會散發出獨特的氣味，吸引雌性帝王斑蝶。

小黑來了，他是一隻雄性帝王斑蝶。

你好！我是小黑。
你很漂亮啊！
你好！我喜歡你
身上香香的氣味！

雌性蝴蝶在空中追求雄性蝴蝶時，就像翩翩起舞。

小黑和多多交配後，多多在葉子底下產了許多蟲卵，要好好把這些蟲卵藏起來。

有些帝王斑蝶一生會產下約 1,000 顆蟲卵！
蝴蝶會在適合幼蟲吃的葉子底下產卵。

小寶寶，你們要好好
照顧自己，我走了！
帝王斑蝶一
天產卵可達
200 顆。
大部分帝
王斑蝶會
花一個星
期產卵。

當寶寶生長成毛毛蟲的時候，卵囊漸漸變得透明。
我要吃早餐了！
帝王斑蝶的幼蟲剛孵出來的時候，身上有淺灰色的條紋。
兩個星期後，毛毛蟲又會準備好變成蝴蝶了。

四天後，多多的寶寶開始孵化。嘩，小小的毛毛蟲出來了，她看來好餓好餓呢！

剛孵出的毛
毛蟲一張開
嘴巴，就會
先吃掉自己
的卵囊。

這是多多的女兒，她叫嘟嘟。嘟嘟是一條毛毛蟲。你看，嘟嘟在葉子上，她最愛吃多汁的綠葉。

你好！我是嘟嘟，很高興認識你！
大部分帝王斑蝶能活 6 個星期。
世界上大概有 20,000 種蝴蝶和飛蛾。
人類有大約 650 塊肌肉，而毛毛蟲卻有 4,000 塊。

毛毛蟲的生命周期

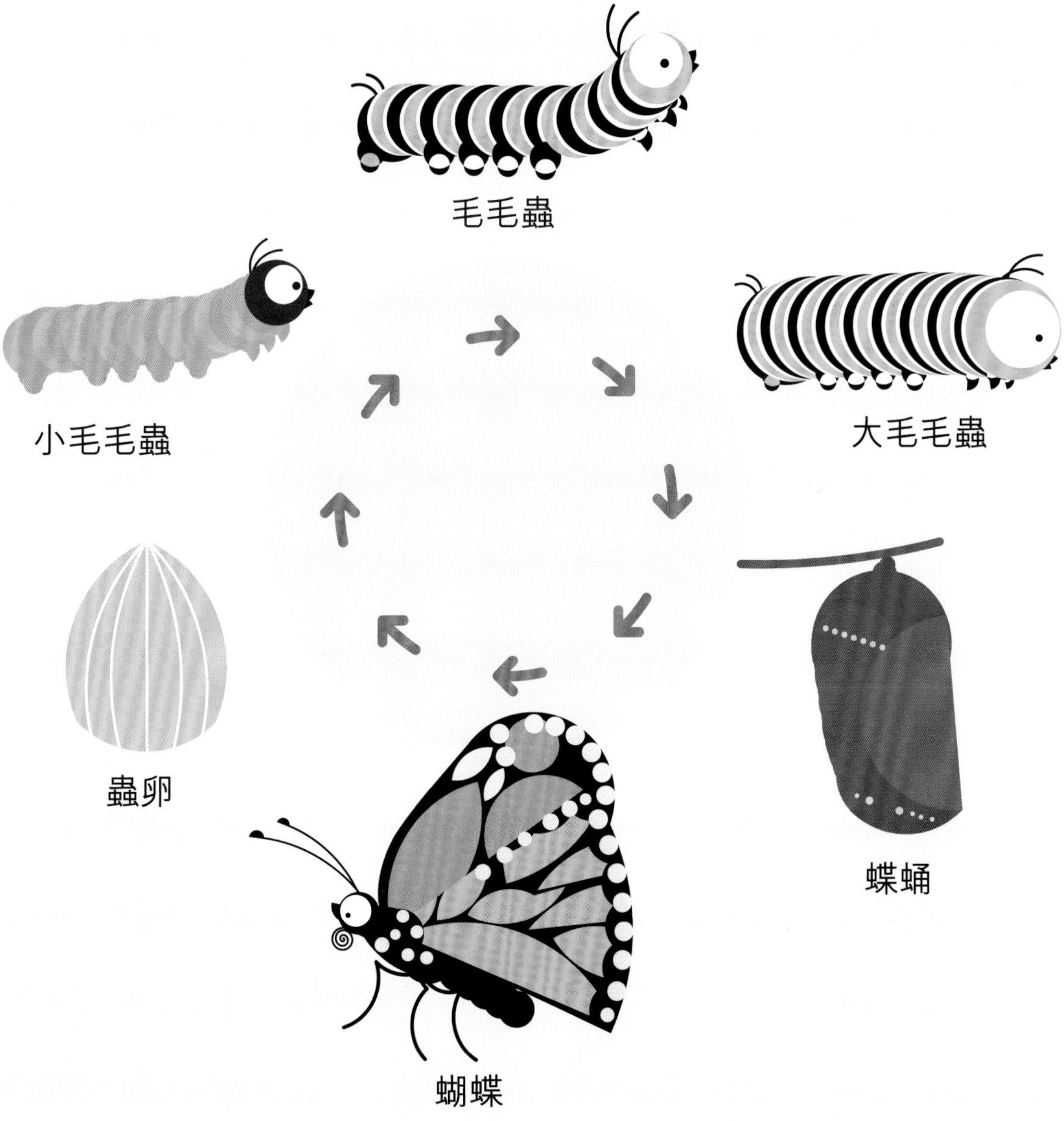